길찾기

# 길을 찾아가세요

✳ 화살표를 따라 길을 찾아가세요.　　　　✳ 선을 따라 그리세요.

참 잘했어요!

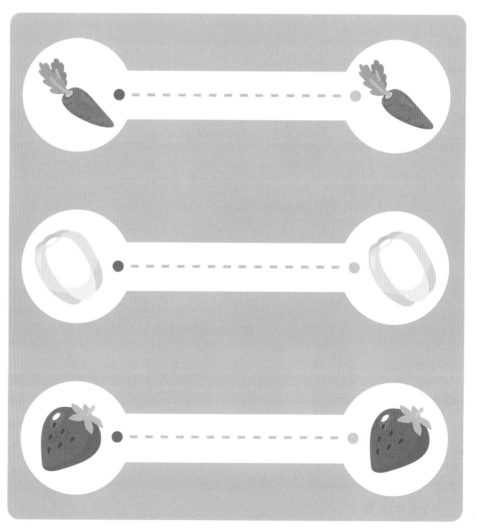

# 같은 그림을 찾아가요

✳ 그림이 같은 것을 찾아가세요.

참 잘했어요!

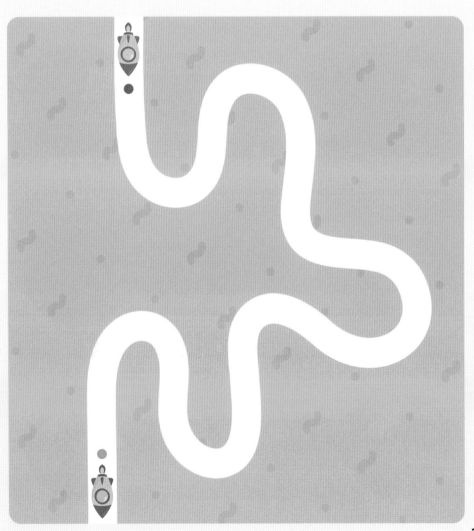

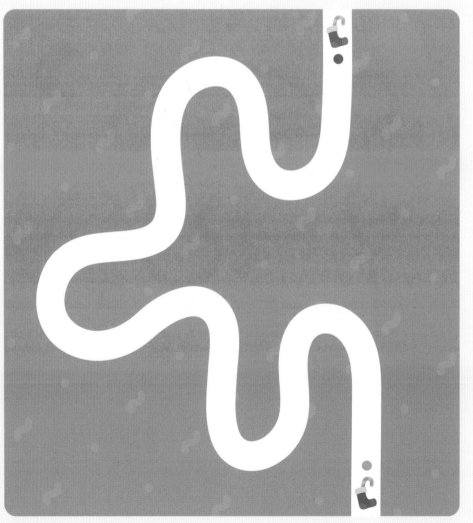

크기 비교

# 누가 제일 클까요?

✳ 젖소 중에서 가장 큰 것에 ○ 하세요.

✳ 가장 큰 악어에 ○ 하세요.

# 누가 가장 빠를까요?

✳ 가장 빠르게 스키를 타는 친구에게 ○ 하세요.

참 잘했어요!

4

# 모자를 세어 보아요

✳ 동물 친구들이 쓴 모자의 수를 세어 맞는 수에 ○ 하세요.

참 잘했어요!

1 2 3 4 5

1 2 3 4 5

1 2 3 4 5

5

# 사과를 세어 보아요

❊ 사과의 개수에 맞는 수 스티커를 붙이세요.

참 잘했어요!

6

# 1~3 숫자 익히기

✳ 맞는 숫자 스티커를 붙이고 읽어 보세요.　　✳ 숫자를 바르게 쓰세요.

참 잘했어요!

1 2 3 4 5 6 7 8 9 10

| ● | ●● | ●●● |
|---|---|---|
| 1 | 2 | 3 |
|  |  |  |
|  |  |  |
|  |  |  |

# 수 1~3 쓰기

✳ 숫자를 바르게 쓰세요.

✳ 다음은 몇 개일까요? 숫자를 쓰세요.

참 잘했어요!

| ● | ●● | ●●● |
|---|---|---|
| 1 | 2 | 3 |
|   | | 3 |
| ¦ | 2 | 3 |
| ¦ | 2 | 3 |

| ● | 1 |
|---|---|

| ●● | 2 |
|---|---|

| ●●● | 3 |
|---|---|

| ● | 1 |
|---|---|

| ● | |
|---|---|

| ●● | |
|---|---|

| ● | |
|---|---|

| ●●● | |
|---|---|

8

# 2~4 숫자 익히기

※ 맞는 숫자 스티커를 붙이고 읽어 보세요.　　※ 숫자를 바르게 쓰세요.

참 잘했어요!

1 2 3 4 5 6 7 8 9 10

| ●● | ●●● | ●●●● |
|---|---|---|
| 2 | 3 | 4 |
| 2 | 3 | 4 |
| 2 | 3 | 4 |
| 2 | 3 | 4 |

9

# 수 2~4 쓰기

✱ 숫자를 바르게 쓰세요.

✱ 다음은 몇 개일까요? 숫자를 쓰세요.

참 잘했어요!

| ● ● | ● ● ● | ● ● ● ● |
|---|---|---|
| 2 | 3 | 4 |
| 2 | 3 | 4 |
| 2 | 3 | 4 |
| 2 | 3 | 4 |

| ● ● | 2 |
|---|---|

| ● ● ● | 3 |
|---|---|

| ● ● ● ● | 4 |
|---|---|

| ● | 1 |
|---|---|

| ● ● ● | |
|---|---|

| ● ● | |
|---|---|

| ● ● | |
|---|---|

| ● ● ● ● | |
|---|---|

10

# 3~5 숫자 익히기

3~5 익히기

❋ 각각 몇 마리 일까요? 숫자를 읽어 보세요.    ❋ 숫자를 바르게 쓰세요.

참 잘했어요!

| 1 | 2 | 3 | 4 | 5 | 6 | 7 | 8 | 9 | 10 |

| ●●● | ●●●● | ●●●●● |
|---|---|---|
| 3 | 4 | 5 |
| | | |
| | | |
| | | |

11

3~5 익히기

# 수 3~5 쓰기

✳ 숫자를 바르게 쓰세요.

✳ 다음은 몇 개일까요? 숫자를 쓰세요.

참 잘했어요!

| 3 | 4 | 5 |
|---|---|---|
| 3 | 4 | 5 |
| 3 | 4 | 5 |
| 3 | 4 | 5 |

3

2

4

5

# 1~5 수 익히기

✳ 그림의 수에 맞는 숫자를 찾아 선으로 이으세요.

1
2
3
4
5

# 1~5 수 익히기

✳ 그림의 개수에 맞는 스티커를 붙이세요.

참 잘했어요!

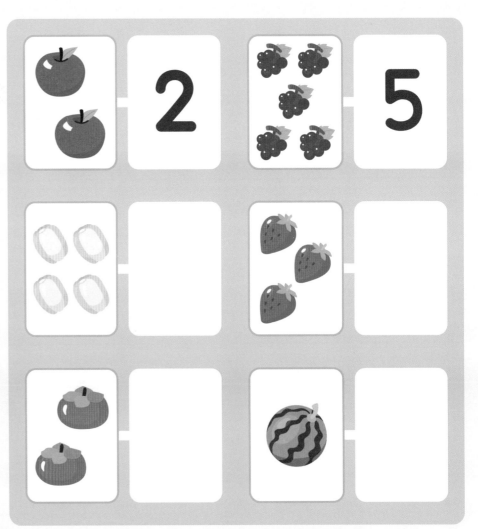

# 개수가 같아요

✳ 그림의 개수가 같은 것끼리 선으로 이으세요.

참 잘했어요!

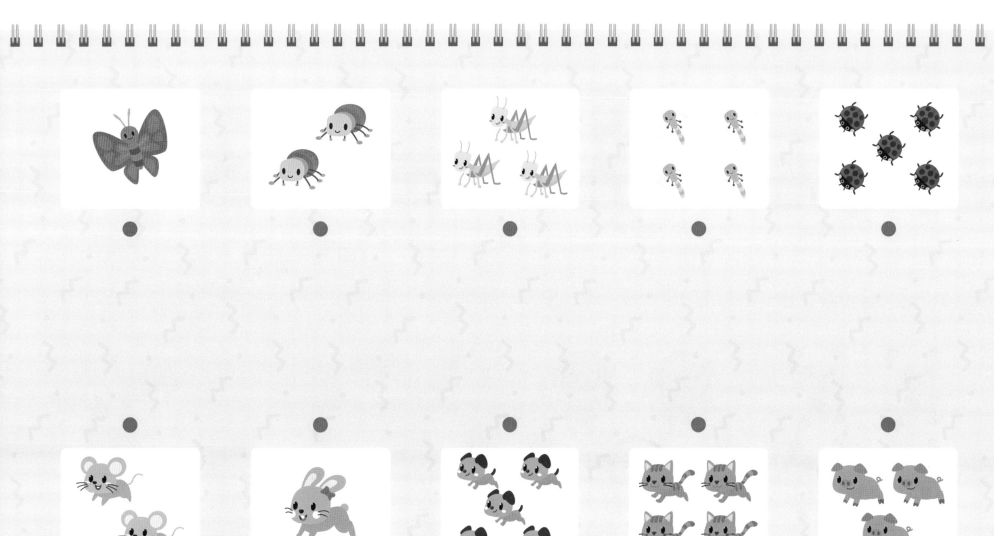

15

# 몇 개일까요?

참 잘했어요!

✱ 그림의 개수를 세어 맞는 숫자에 ○하세요.　　✱ 수를 세어 ○에 숫자 스티커를 붙이세요.

1　2　3　4　5

1　2　3　4　5

1　2　3　4　5

1　2　3　4　5

16

# 6, 7, 8, 9, 10을 배워요

❋ 동물의 수를 세어 보고 숫자를 읽어 보세요.

참 잘했어요!

**6** 육 / 여섯

**7** 칠 / 일곱

**9** 구 / 아홉

**8** 팔 / 여덟

**10** 십 / 열

| 1 | 2 | 3 | 4 | 5 | 6 | 7 | 8 | 9 | 10 |

# 도토리를 주워요

❋ 5(다섯), 6(여섯), 7(일곱), 8(여덟), 9(아홉), 10(열)을 세어 가며 맞는 길을 찾아가세요.

참 잘했어요!

18

# 숫자 '6' 익히기

❋ 요트의 수를 세어 보고 숫자 '6'을 따라 쓰세요.   ❋ 숫자 모양을 따라 선을 이으세요.

참 잘했어요!

6

육 / 여섯

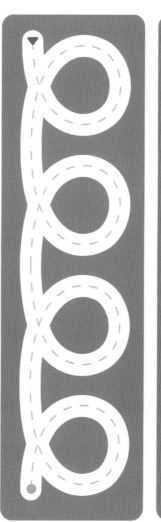

19

# 자전거는 몇 대일까요?

✳ 수를 세어 그 수만큼 ○에 색칠하세요.　　✳ 숫자 '6'을 바르게 쓰세요.

참 잘했어요!

6
육 / 여섯

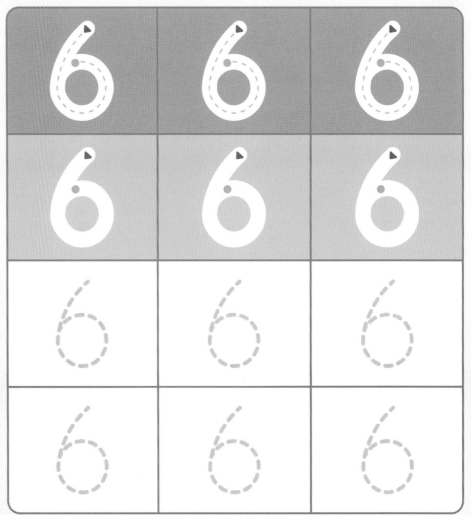

20

# 숫자 '7' 익히기

❋ 수를 세어 보고 숫자 '7'을 따라 쓰세요.

❋ 숫자 모양을 따라 선을 이으세요.

참 잘했어요!

7

칠 / 일곱

21

# 케이크는 몇 개일까요?

✳ 수를 세어 그 수만큼 ○에 색칠하세요.

✳ 숫자 '7'을 바르게 쓰세요.

참 잘했어요!

7

칠 / 일곱

| 7 | 7 | 7 |
|---|---|---|
| 7 | 7 | 7 |
| 7 | 7 | 7 |
| 7 | 7 | 7 |

# 숫자 '8' 익히기

❋ 수를 세어 보고 숫자 '8'을 따라 쓰세요.

❋ 숫자 모양을 따라 선을 이으세요.

참 잘했어요!

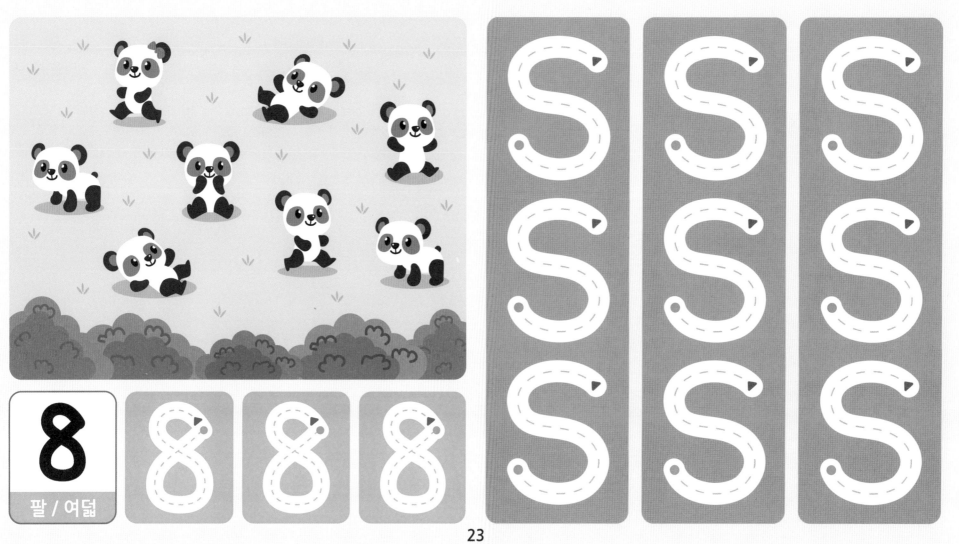

8
팔 / 여덟

# 오리는 몇 마리일까요?

✳ 수를 세어 그 수만큼 ○에 색칠하세요.   ✳ 숫자 '8'을 바르게 쓰세요.

참 잘했어요!

8
팔 / 여덟

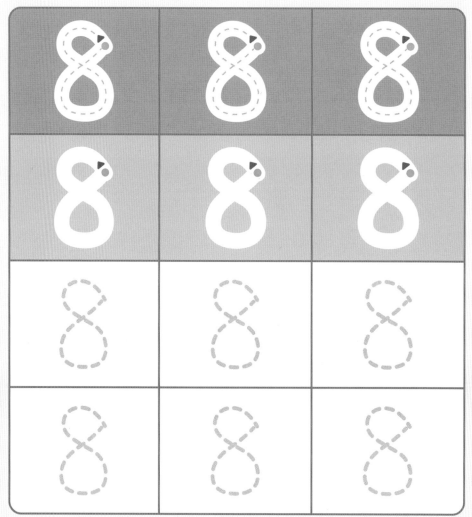

24

# 숫자 '9' 익히기

※ 수를 세어 보고 숫자 '9'를 따라 쓰세요.

※ 숫자 모양을 따라 선을 이으세요.

9

구 / 아홉

# 원숭이는 몇 마리일까요?

✳ 수를 세어 그 수만큼 ○에 색칠하세요.　　　　✳ 숫자 '9'를 바르게 쓰세요.

참 잘했어요!

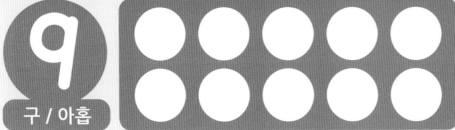

**9**

구 / 아홉

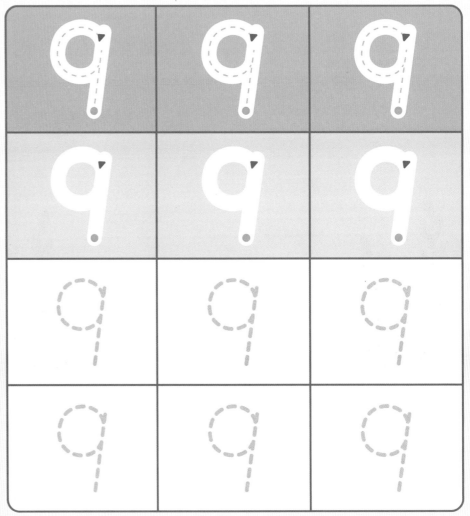

26

# 숫자 '10' 익히기

※ 수를 세어 보고 숫자 '10'을 따라 쓰세요.

※ 숫자 모양을 따라 선을 이으세요.

**10**
십 / 열

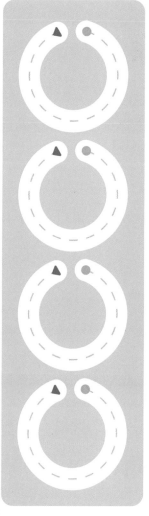

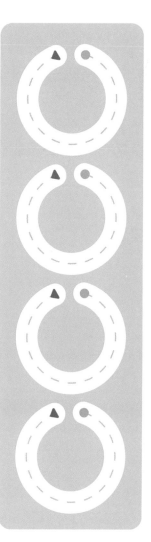

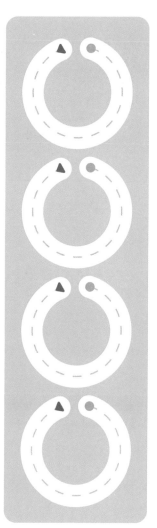

27

# 생쥐는 몇 마리일까요?

❋ 수를 세어 그 수만큼 ○에 색칠하세요.

❋ 숫자 '10'을 바르게 쓰세요.

참 잘했어요!

10
십 / 열

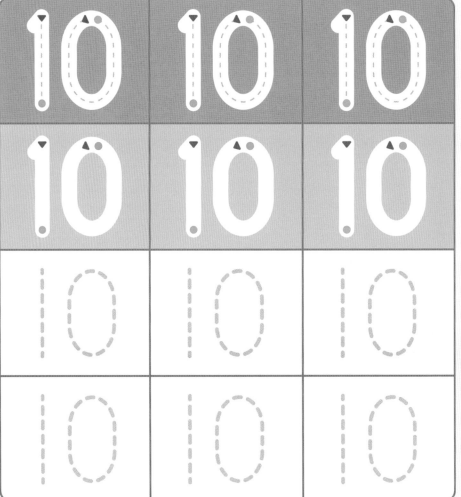

# 같은 수를 찾아요

✳ 그림의 개수가 같은 것끼리 선으로 이으세요.

참 잘했어요!

29

# 그림의 개수를 세어 보아요

참 잘했어요!

✳ 그림의 개수에 맞는 숫자에 ○ 하세요.　　　　　　✳ 그림의 개수와 맞는 숫자를 선으로 이으세요.

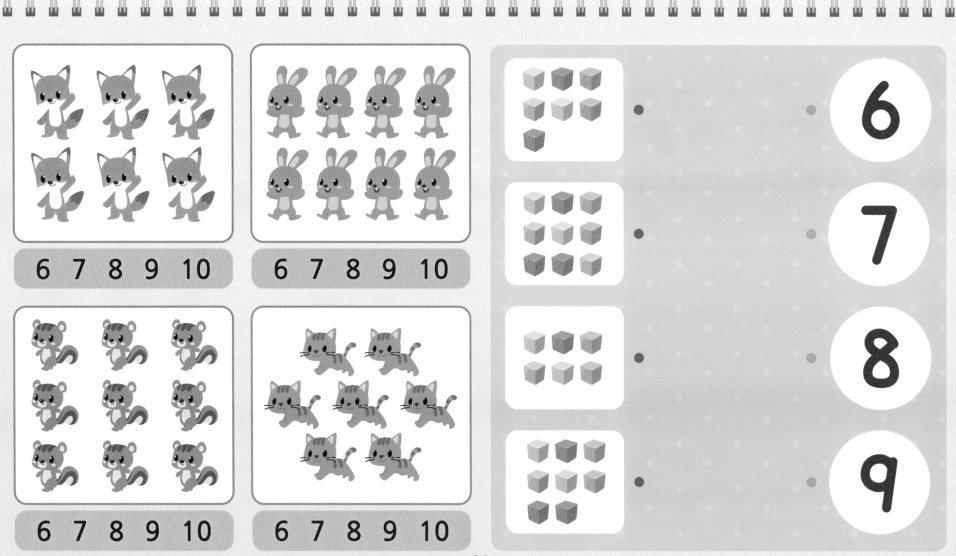

6　7　8　9　10　　　　6　7　8　9　10

6　7　8　9　10　　　　6　7　8　9　10

6

7

8

9

30

# 털실 공은 몇 개일까요?

❋ 그림의 개수에 맞는 숫자 스티커를 붙이세요.

참 잘했어요!

# 그림의 수를 세어 봐요

✱ 수를 세어 두 수 중 알맞은 숫자에 ○ 하세요.　　✱ 다음은 몇 개인지 숫자를 쓰세요.

참 잘했어요!

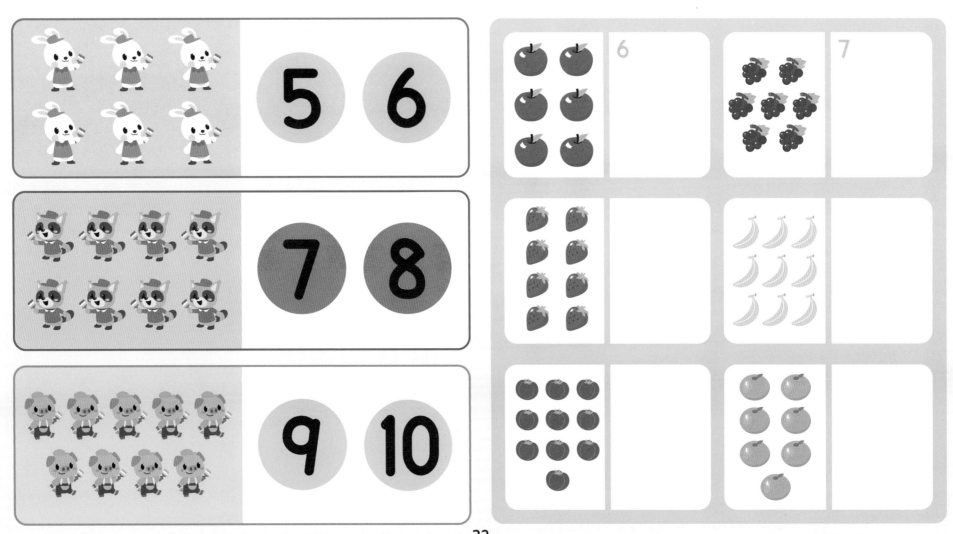

32

# 무엇일까요?

✳ 1~10까지 차례대로 점을 이으세요.

참 잘했어요!

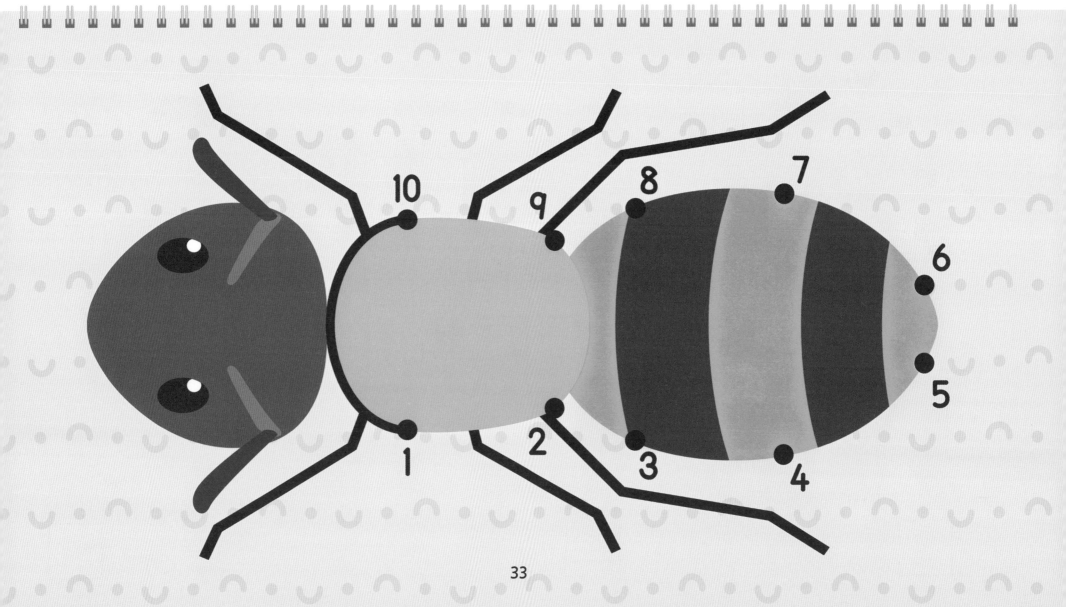

33

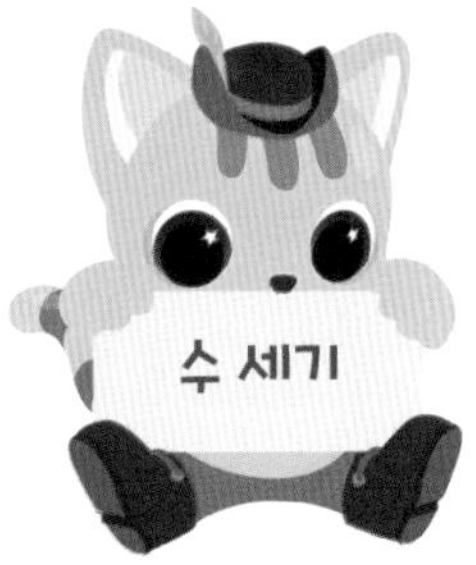


# 몇 개일까요?

✻ 그림을 각각 세어 보고 빈칸에 그 숫자를 쓰세요.

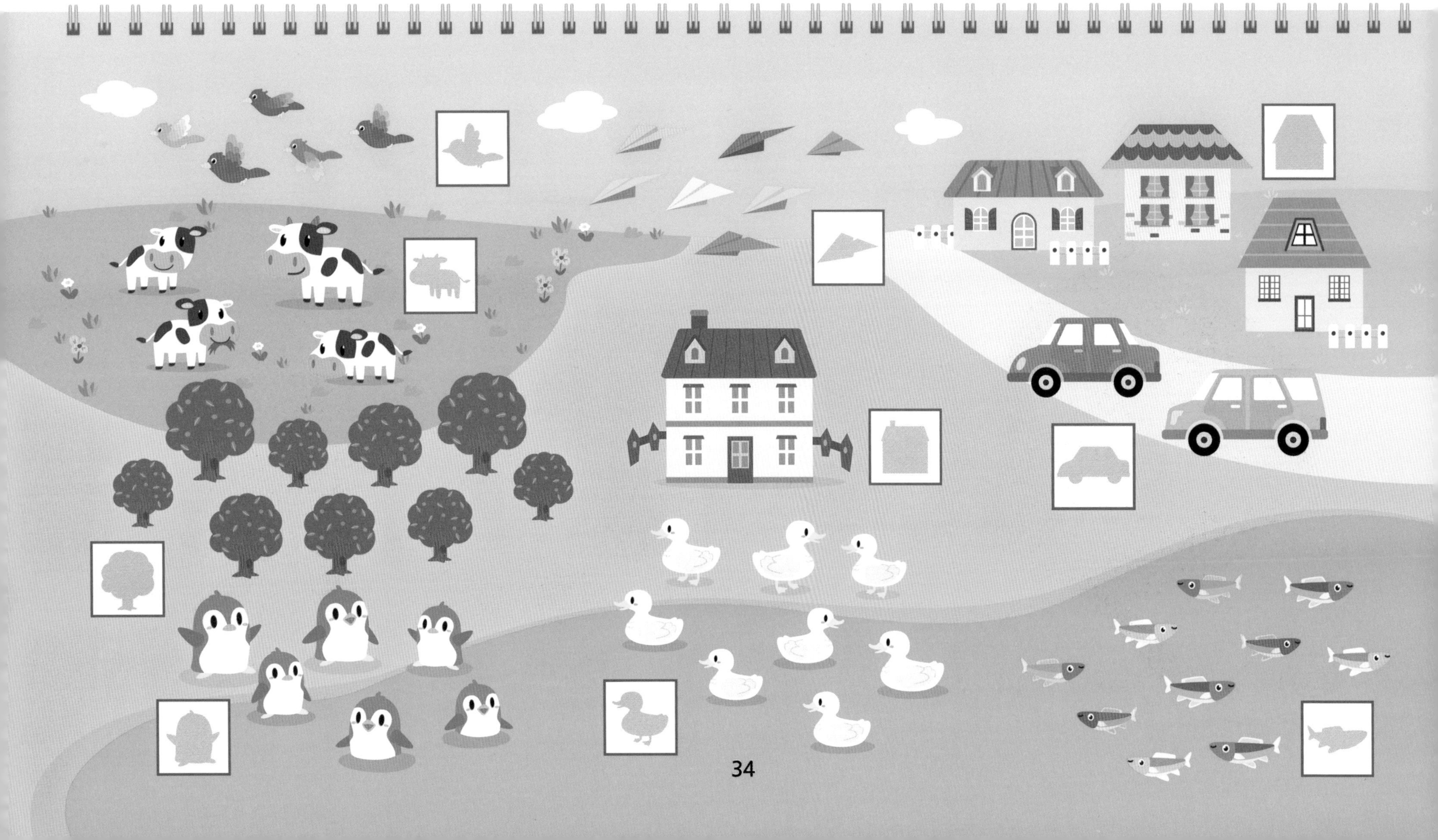

# 수만큼 묶으세요

✳ 동물들이 들고 있는 수만큼 동물을 ○로 묶으세요.

참 잘했어요!

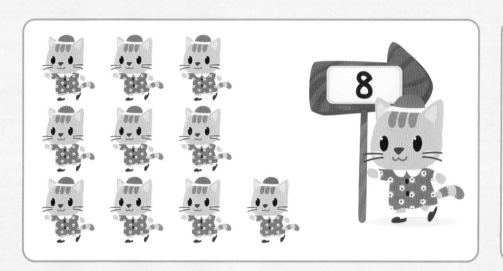

# 동그라미, 세모, 네모

❋ 도형으로 만든 자동차를 예쁘게 색칠하세요.

참 잘했어요!

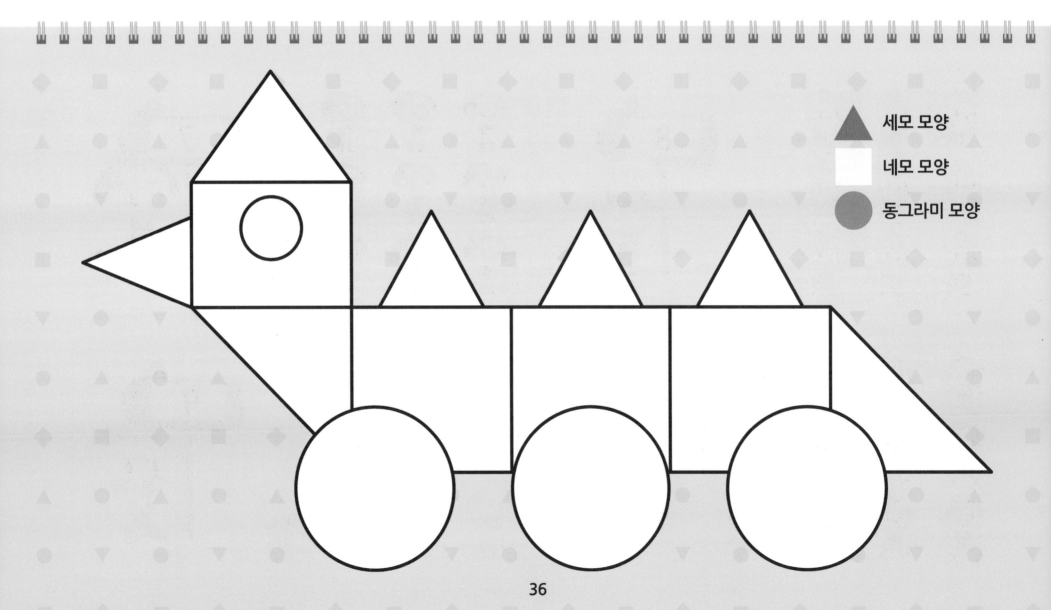

▲ 세모 모양

☐ 네모 모양

● 동그라미 모양

36

# 다른 점이 있어요

✳ 두 그림을 비교하여 달라진 세 곳을 찾아 ○ 하세요.

# 수의 차례

✳ 차례에 맞게 빈칸에 숫자 스티커를 붙이세요.　　✳ 왼쪽 숫자와 같은 개수의 그림을 ○ 하세요.

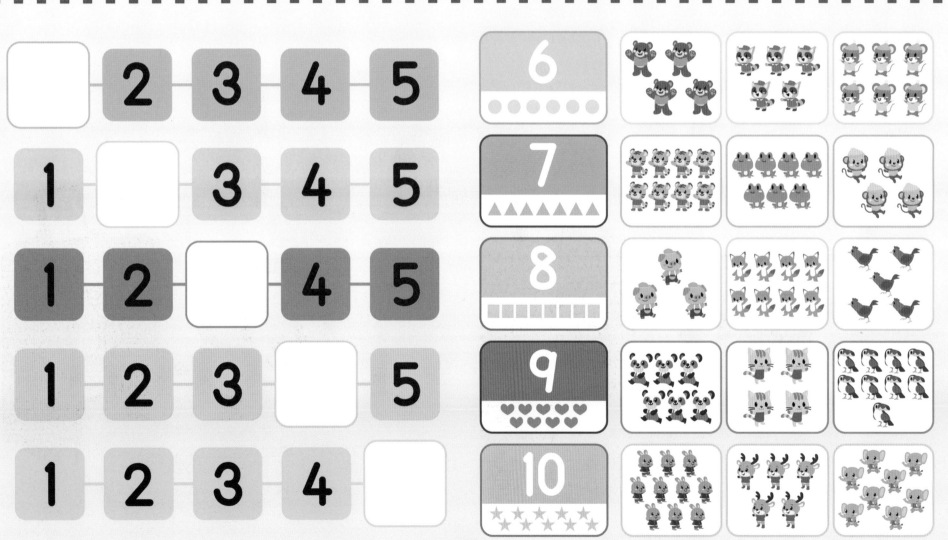

# 그림을 세어 볼까요?

✳ 그림의 개수를 세어 □안에 그 수를 쓰세요.

참 잘했어요!

# 몇인지 세어 봐요

✳ 동물의 수만큼 숫자에 ○ 하세요.

✳ 빵을 많이 가진 친구에게 스티커를 붙이세요.

참 잘했어요!

1 2 3 4 5 6 7 8 9 10

40

# 씽씽 스키를 타요

✳ 여우들이 신나게 스키를 타요. 같은 수를 찾아 선으로 이으세요.

참 잘했어요!

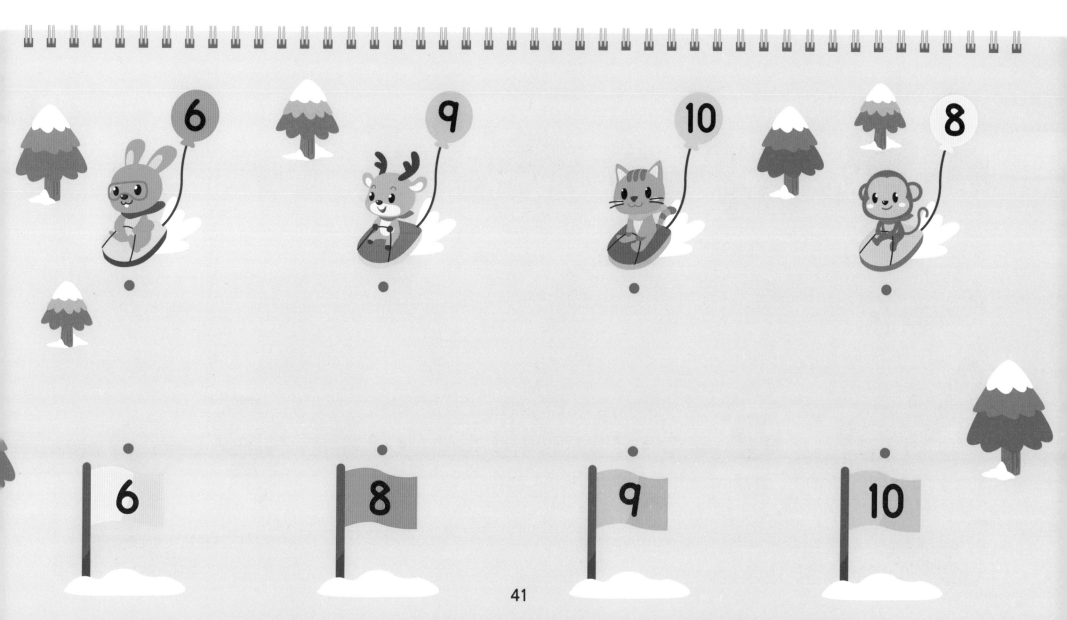

41

# 무엇이 올까요?

✳ 동물들의 순서를 잘 보고, 빈 곳에 알맞은 것을 찾아 ○ 하세요.

# 수의 순서

✳ 도트 카드의 순서에 맞게 숫자를 따라 쓰세요.

참 잘했어요!

43

# 숲 속의 친구들

✳ 친구들은 무엇을 할까요? 개수를 세어 스티커를 붙이세요.

참 잘했어요!

까치는 몇 마리일까요?          마리

다람쥐는 몇 마리일까요?

마리

알밤은 몇 개 일까요?

개

개미는 몇 마리일까요?          마리

44

1~4 다지기

# 1~4를 쓸 수 있어요

✳ 숫자를 바르게 따라 쓰세요.

✳ ●는 몇 개일까요? 그 수를 쓰세요.

참 잘했어요!

| ● | ●● | ●●● | ●●●● |
|---|---|---|---|
| 1 | 2 | 3 | 4 |
| 1 | 2 | 3 | 4 |
| 1 | 2 | 3 | 4 |
| 1 | 2 | 3 | 4 |

| 1 | 2 | 3 | 4 | 5 | 6 | 7 | 8 | 9 | 10 |

| ●● | 2 |
|---|---|

| ● | 1 |
|---|---|

| ●●● | 3 |
|---|---|

| ●●●● | 4 |
|---|---|

| ● | |
|---|---|

| ●● | |
|---|---|

| ●●●● | |
|---|---|

| ●●● | |
|---|---|

45

# 농장에 왔어요

❋ 농장에 무엇이 있나요? 각각 몇 개인지 세어 빈 곳에 숫자를 쓰세요.

참 잘했어요!

46

# 4~7을 쓸 수 있어요

✳ 숫자를 바르게 따라 쓰세요.

✳ ●는 몇 개일까요? 그 수를 쓰세요.

참 잘했어요!

| 4 | 5 | 6 | 7 |
|---|---|---|---|
| 4 | 5 | 6 | 7 |
| 4 | 5 | 6 | 7 |
| 4 | 5 | 6 | 7 |

4

5

6

7

47

# 연못에서 놀아요

✳ 동물 친구들 수에 맞는 스티커를 붙이세요.　　✳ 개수와 맞는 그림을 선으로 이으세요.

참 잘했어요!

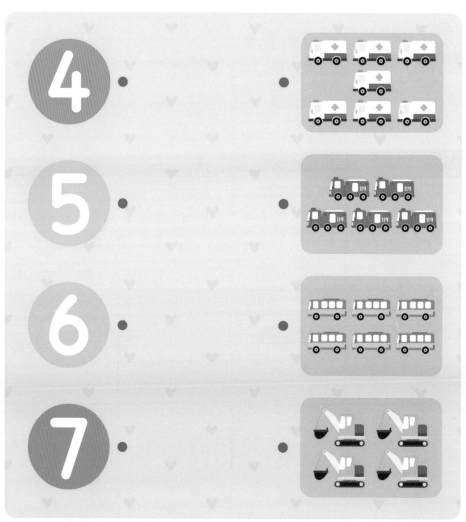

# 7~10을 쓸 수 있어요

✳ 숫자를 바르게 따라 쓰세요.

✳ ●는 몇 개일까요? 그 수를 쓰세요.

참 잘했어요!

| 7 | 8 | 9 | 10 |
|---|---|---|----|
| 7 | 8 | 9 | 10 |
| 7 | 8 | 9 | 10 |
| 7 | 8 | 9 | 10 |

| | |
|---|---|
| 7 | 8 |
| 9 | 10 |
| | |
| | |

# 똑같아요

❀ 왼쪽 그림과 같은 개수인 것에 ○ 하세요.

❀ 그림의 개수가 다른 것에 ○ 하세요.

참 잘했어요!

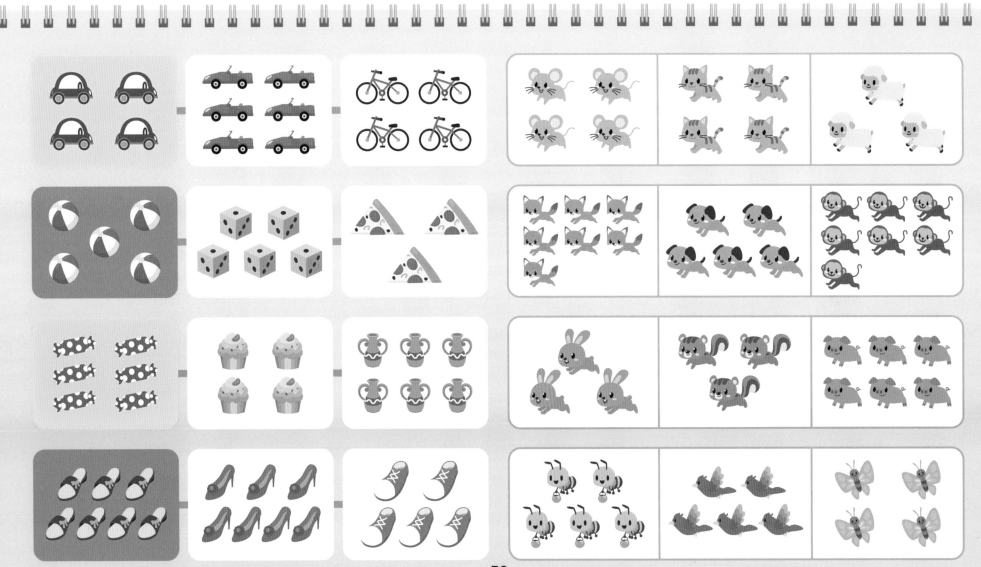

50

# 어떤 수가 숨어있나요?

* 빈칸에 들어갈 알맞은 숫자를 쓰세요.

* 블럭의 개수에 맞는 수를 ○ 하세요.

참 잘했어요!

|   | 2 | 3 | 4 | 5 |
| 1 |   | 3 | 4 | 5 |
| 1 | 2 |   | 4 | 5 |
| 1 | 2 | 3 |   | 5 |
| 1 | 2 | 3 | 4 |   |

1 2 3 4 5

1 2 3 4 5

1 2 3 4 5

1 2 3 4 5

51

# 셀 수 있어요

✳ 그림의 수를 세어 맞는 숫자에 ○ 하세요.　　✳ 그림의 수에 맞는 스티커를 붙이세요.

참 잘했어요!

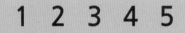

1　2　3　4　5

1　2　3　4　5

1　2　3　4　5

1　2　3　4　5

52

# 어떤 수가 숨어있나요?

※ 빈칸에 들어갈 알맞은 숫자를 쓰세요.

※ 왼쪽 숫자만큼 ○에 색칠하세요.

참 잘했어요!

☐ 6 7 8 9 10

5 ☐ 7 8 9 10

5 6 ☐ 8 9 10

5 6 7 ☐ 9 10

5 6 7 8 ☐ 10

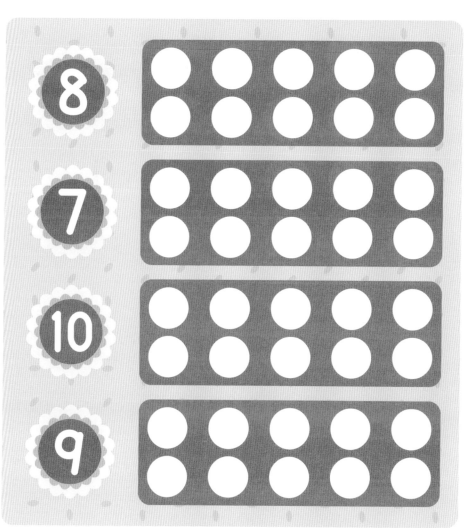

53

# 셀 수 있어요

✳ 그림의 수를 세어 맞는 숫자에 ○ 하세요.   ✳ 그림의 수에 맞는 스티커를 붙이세요.

참 잘했어요!

6  7  8  9  10

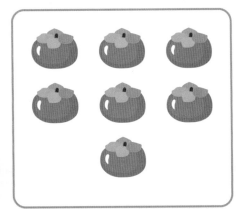
6  7  8  9  10

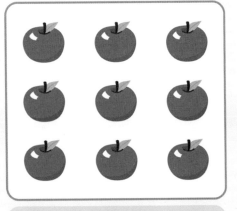
6  7  8  9  10

6  7  8  9  10

54

# '11'을 알 수 있어요

※ 원숭이의 수만큼 ○에 색칠하세요.

※ 숫자 '11'을 바르게 쓰세요.

참 잘했어요!

| 11 | 십일 | ●●●●●●●●●● |
| | 열하나 | ● |
| 11 | 11 | 11 | 11 |
| 11 | 11 | 11 | 11 |
| | | | |
| | | | |

# 개수를 비교할 수 있어요

❇ 그림의 개수가 많은 것에 ○ 하세요.

❇ ■에서 ★로 숫자를 차례대로 선을 이으세요.

참 잘했어요!

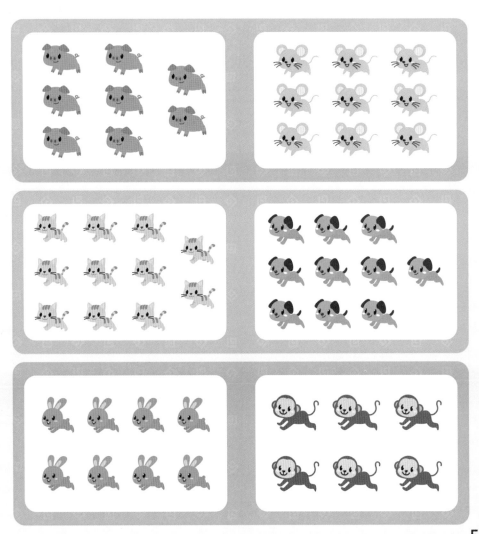

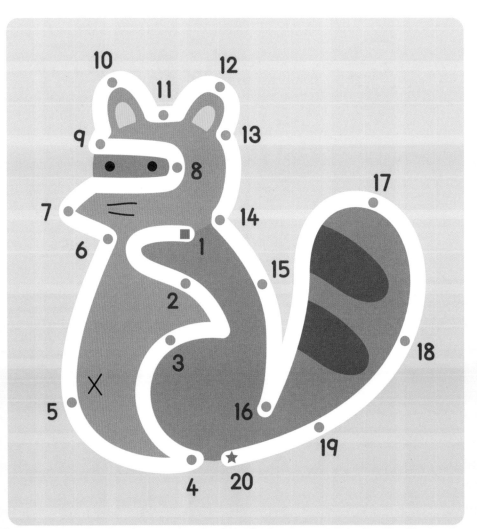

# '12'를 알 수 있어요

✻ 악어의 수만큼 ○에 색칠하세요.

○○○○○○○○○○
○○○○○○○○○○

✻ 숫자 '12'를 바르게 쓰세요.

| 12 | 십이<br>열둘 | ●●●●●●●●●●<br>●● | |
|---|---|---|---|
| 12 | 12 | 12 | 12 |
| 12 | 12 | 12 | 12 |
| 12 | 12 | 12 | 12 |
| 12 | 12 | 12 | 12 |

# 개수를 비교할 수 있어요

✳ 그림의 개수가 적은 것에 ○ 하세요.　　　　✳ 같은 그림을 찾아 선을 이으세요.

참 잘했어요!

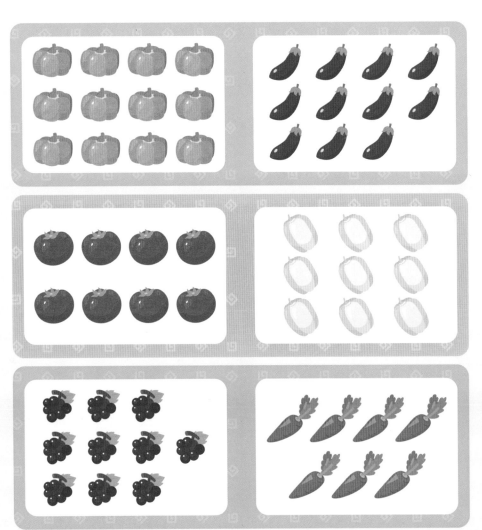

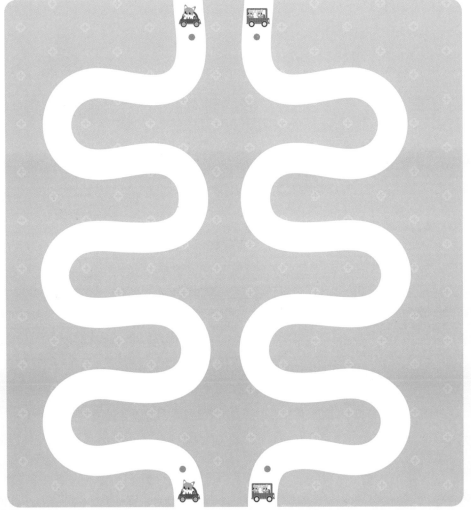

58

# '13'을 알 수 있어요

✳ 요트의 수만큼 ○에 색칠하세요.

✳ 숫자 '13'을 바르게 쓰세요.

참 잘했어요!

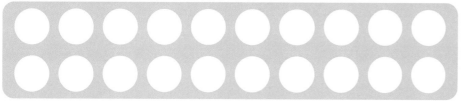

| 13 | 십삼 | ●●●●●●●●●● |
| | 열셋 | ●●● |

13 13 13 13

13 13 13 13

13 13 13 13

13 13 13 13

# 개수를 비교할 수 있어요

❋ 왼쪽 그림의 개수와 같은 것에 ○ 하세요.　　　❋ 수를 세어 그 수에 맞는 스티커를 붙이세요.

참 잘했어요!

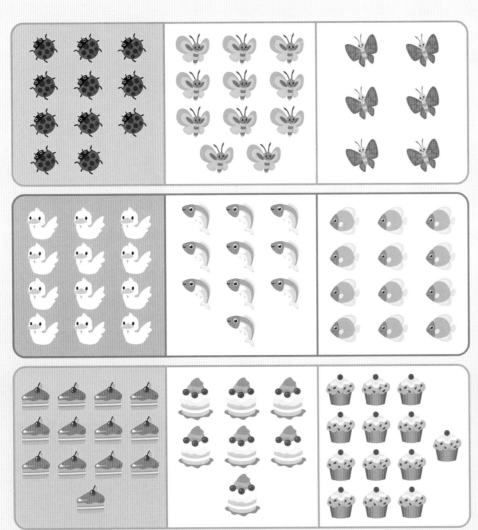

14 익히기

# '14'를 알 수 있어요

✳ 돼지의 수만큼 ○에 색칠하세요.

✳ 숫자 '14'를 바르게 쓰세요.

| 14 | 십사 | ●●●●●●●●●● |
| | 열넷 | ●●●● |
| 14 | 14 | 14 | 14 |
| 14 | 14 | 14 | 14 |
| 14 | 14 | 14 | 14 |
| 14 | 14 | 14 | 14 |

# 어느 쪽이 더 많을까요?

✳ 짝을 지어보고 더 많은 쪽□에 색칠하세요.    ✳ 짝을 지어보고 더 적은 쪽□에 색칠하세요.

참 잘했어요!

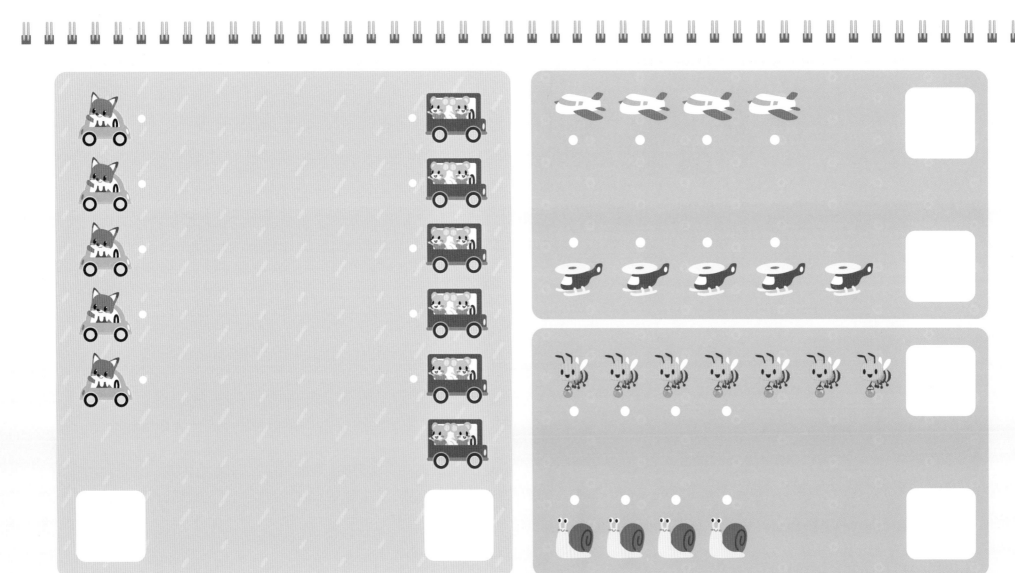

62

# '15'를 알 수 있어요

❋ 나비의 수만큼 ○에 색칠하세요.

❋ 숫자 '15'를 바르게 쓰세요.

참 잘했어요!

| 15 | 십오 | ●●●●●●●●●● |
|---|---|---|
| | 열다섯 | ●●●●● |

# 수만큼 그릴 수 있어요

※ 왼쪽 그림의 수만큼 빈 곳에 ○를 그리세요.     ※ 사과와 사과를 선으로 이으세요.

참 잘했어요!

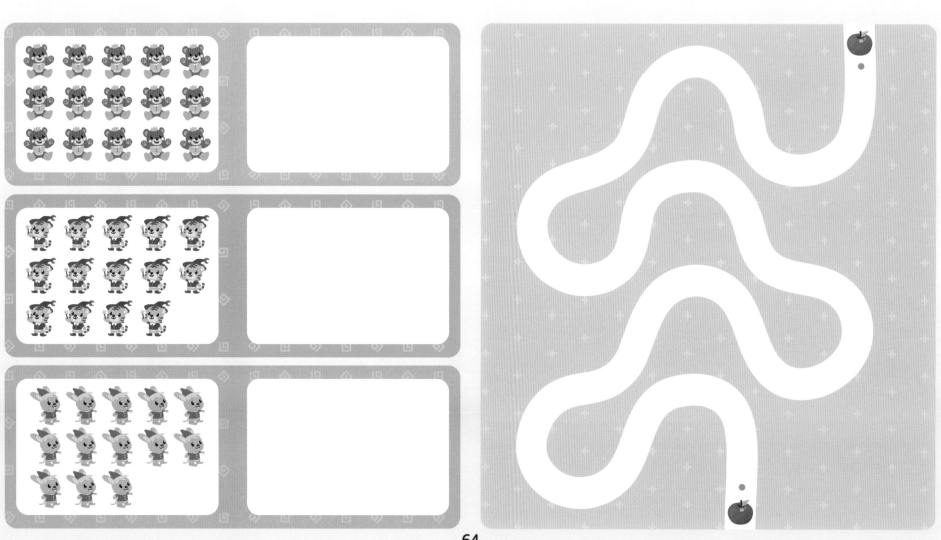

# '16'을 알 수 있어요

❋ 무당벌레의 수만큼 ○에 색칠하세요.

❋ 숫자 '16'을 바르게 쓰세요.

참 잘했어요!

| 16 | 십육 | |
| --- | --- | --- |
| | 열여섯 | |

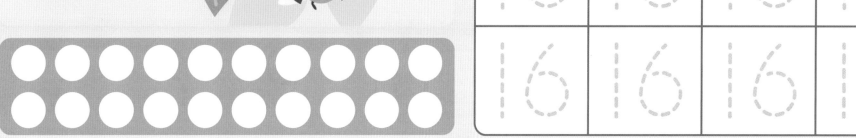

# 수의 차례를 알 수 있어요

❋ 숫자를 바르게 읽으세요.

❋ 그림을 비교하여 다른 세 곳을 찾아 ○ 하세요.

참 잘했어요!

❋ 숫자를 바르게 읽으세요.

| 11 | 9 | 13 | 7 | 15 |
|---|---|---|---|---|
| 8 | 14 | 16 | 10 | 5 |

❋ 1~15까지의 수를 읽으세요.

| 1 | 2 | 3 | 4 | 5 |
|---|---|---|---|---|
| 6 | 7 | 8 | 9 | 10 |
| 11 | 12 | 13 | 14 | 15 |

17 익히기

# '17'을 알 수 있어요

✳ 나비의 수만큼 ○에 색칠하세요.

✳ 숫자 '17'을 바르게 쓰세요.

참 잘했어요!

| 17 | 십칠 | ●●●●●●●●● ●●●●●●●● |
| --- | --- | --- |
| | 열일곱 | |

# '17'을 익혀요

❋ 돌고래들이 놀고 있어요. 돌고래가 17마리가 되도록 스티커를 붙이세요.

참 잘했어요!

68

# '18'을 알 수 있어요

18 익히기

✳ 꽃의 수만큼 ○에 색칠하세요.

✳ 숫자 '18'을 바르게 쓰세요.

참 잘했어요!

| 18 | 십팔 | ●●●●●●●●●● |
| | 열여덟 | ●●●●●●●● |
| 18 | 18 | 18 | 18 |
| 18 | 18 | 18 | 18 |
| 18 | 18 | 18 | 18 |
| 18 | 18 | 18 | 18 |

69

# 차례수를 알아 보아요

참 잘했어요!

※ 애벌레 몸에 있는 숫자를 읽어 보고 차례수에 맞게 빈 곳에 알맞은 숫자를 쓰세요.

1 2 3 4 6 9 10

11 13 14 16 17 19 20

70

# '19'를 알 수 있어요

✱ 거북이 수만큼 ○에 색칠하세요.

✱ 숫자 '19'를 바르게 쓰세요.

참 잘했어요!

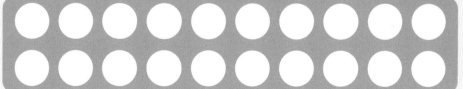

| 19 | 십구 | ●●●●●●●●●● |
| | 열아홉 | ●●●●●●●●● |
| 19 | 19 | 19 | 19 |
| 19 | 19 | 19 | 19 |
| 19 | 19 | 19 | 19 |
| 19 | 19 | 19 | 19 |

# '20'을 알 수 있어요

✳ 물고기 수만큼 ○에 색칠하세요.

✳ 숫자 '20'을 바르게 쓰세요.

참 잘했어요!

| 20 | 이십 | ●●●●●●●●●● |
| | 스물 | ●●●●●●●●●● |

# 개수를 세어 보아요

❋ 숫자를 바르게 읽으세요.

❋ 11~20까지 차례수에 맞게 길을 따라가 보세요.

참 잘했어요!

❋ 그림의 수를 세어 알맞은 숫자 스티커를 붙이세요.

❋ 1~20까지의 수를 읽으세요.

| 1 | 2 | 3 | 4 | 5 |
|---|---|---|---|---|
| 6 | 7 | 8 | 9 | 10 |
| 11 | 12 | 13 | 14 | 15 |
| 16 | 17 | 18 | 19 | 20 |

# 개수를 세어 보아요

✳ 목장에 양들이 많이 있어요. 양이 15마리가 되도록 스티커를 붙이세요.

참 잘했어요!

74

# 수를 세어 보아요

❋ 그림의 개수에 맞는 숫자에 ○ 하세요.

❋ 차례수를 읽어 가면서 선을 이으세요.

참 잘했어요!

11    12

14    15

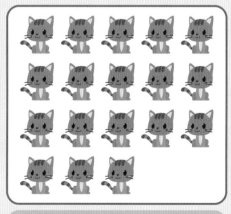

16    17

18    19

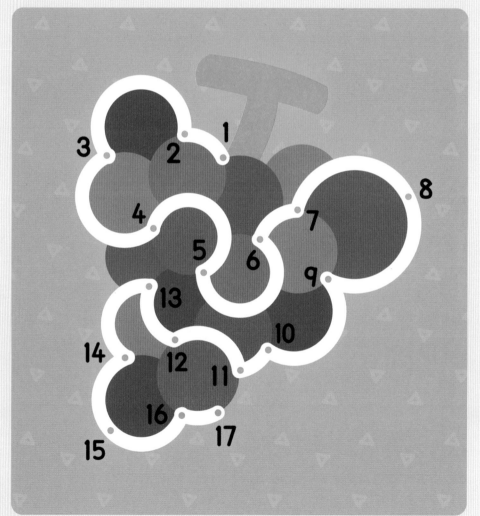

75

# 11~20까지 수를 알아요

✳ 11~20까지의 숫자를 차례수에 맞게 빈칸에 쓰세요.

참 잘했어요!

| | 12 | 13 | 14 | 15 | | 17 | 18 | 19 | 20 |
|---|---|---|---|---|---|---|---|---|---|
| 11 | | 13 | 14 | 15 | 16 | | 18 | 19 | 20 |
| 11 | 12 | | 14 | 15 | 16 | 17 | | 19 | 20 |
| 11 | 12 | 13 | | 15 | 16 | 17 | 18 | | 20 |
| 11 | 12 | 13 | 14 | | 16 | 17 | 18 | 19 | |

1  2  3  4  5  6  7  8  9  10  11  12  13  14  15  16  17  18  19  20

입학 전
# 수학떼기 4·5세

✳ **1P**

길을 찾아가세요

✳ **2P**

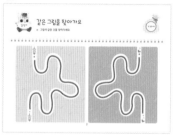
같은 그림을 찾아가요

✳ **3P**

누가 제일 클까요?

✳ **4P**

누가 가장 빠를까요?

✳ **5P**

모자를 세어 보아요

✳ **6P**

사과를 세어 보아요

✳ **7P**

1~3 숫자 익히기

✳ **8P**

수 1~3 쓰기

✳ **9P**

2~4 익히기

✳ **10P**

수 2~4 쓰기

✳ **11P**

3~5 숫자 익히기

✳ **12P**

수 3~5 쓰기

✳ **13P**

1~5 수 익히기

✳ **14P**

1~5 수 익히기

✳ **15P**

개수가 같아요

✳ **16P**

몇 개일까요?

✳ **17P**

6, 7, 8, 9, 10을 배워요

✳ **18P**

도토리를 주워요

✳ **19P**

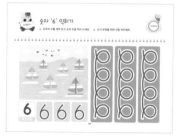
숫자 '6' 익히기

✳ **20P**

자전거는 몇 대일까요?

입학 전
**수학떼기** 4·5세

❋ 2IP

❋ 22P
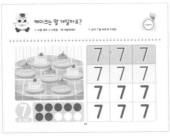

❋ 23P

❋ 24P

❋ 25P
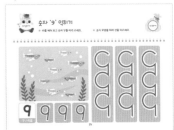

❋ 26P
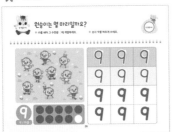

❋ 27P
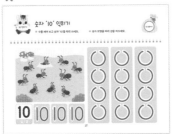

❋ 28P

❋ 29P
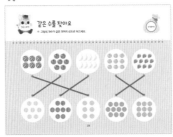

❋ 30P
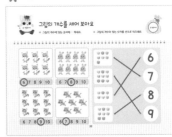

❋ 3IP

❋ 32P
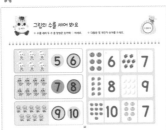

❋ 33P
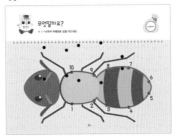

❋ 34P

❋ 35P

❋ 36P

❋ 37P

❋ 38P

❋ 39P

❋ 40P

## ✻ 41P
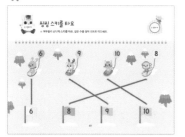

핑핑 스키를 타요

## ✻ 42P

무엇이 올까요?

## ✻ 43P

수의 순서

## ✻ 44P

숲 속의 친구들

## ✻ 45P

1~4를 쓸 수 있어요

## ✻ 46P

농장에 왔어요

## ✻ 47P

4~7을 쓸 수 있어요

## ✻ 48P
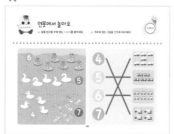

연못에서 놀아요

## ✻ 49P

7~10을 쓸 수 있어요

## ✻ 50P
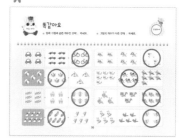

똑같아요

## ✻ 51P

어떤 수가 숨어있나요?

## ✻ 52P
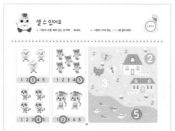

셀 수 있어요

## ✻ 53P

어떤 수가 숨어있나요?

## ✻ 54P
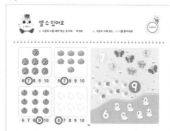

셀 수 있어요

## ✻ 55P
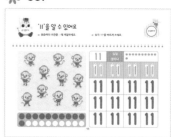

'11'을 알 수 있어요

## ✻ 56P

개수를 비교할 수 있어요

## ✻ 57P

'12'를 알 수 있어요

## ✻ 58P
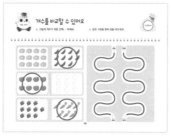

개수를 비교할 수 있어요

## ✻ 59P
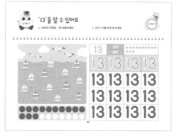

'13'을 알 수 있어요

## ✻ 60P
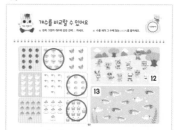

개수를 비교할 수 있어요

입학 전 **수학떼기** `4·5세`

❀ **61P**

❀ **62P**

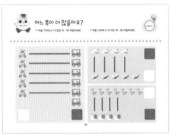

❀ **63P**

❀ **64P**

❀ **65P**

❀ **66P**

❀ **67P**

❀ **68P**

❀ **69P**

❀ **70P**

❀ **71P**

❀ **72P**

❀ **73P**

❀ **74P**

❀ **75P**

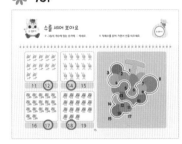

❀ **76P**

# 수학떼기 · 숫자 카드

✂ 절취선을 가위로 오려서 사용하세요.

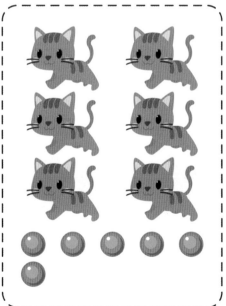

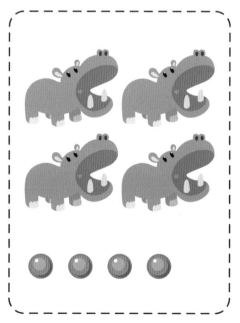

7

8

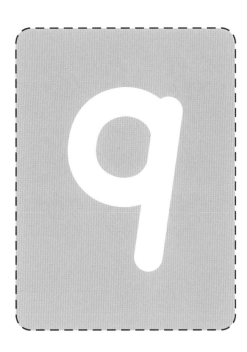

9

0

1

2

# 수학떼기 · 숫자 카드 4 · 5세

✂️ 절취선을 가위로 오려서 사용하세요.

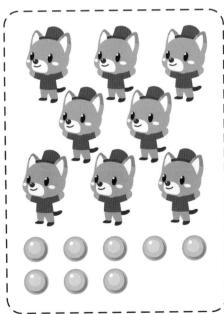

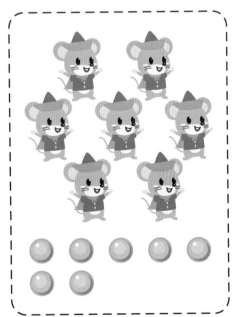

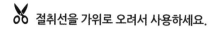

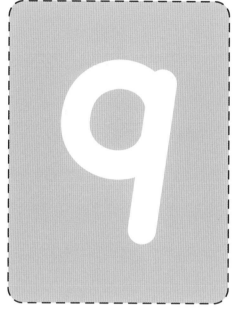

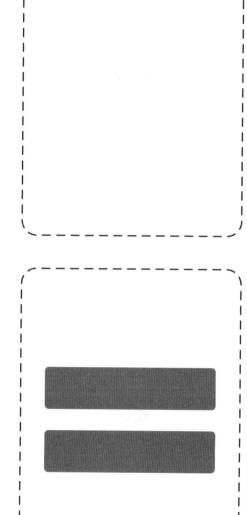

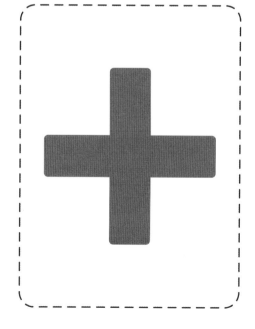

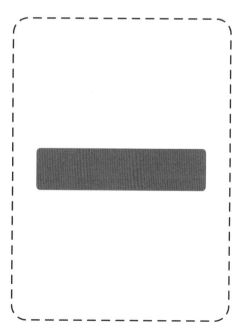

# 수학떼기 · 숫자 카드

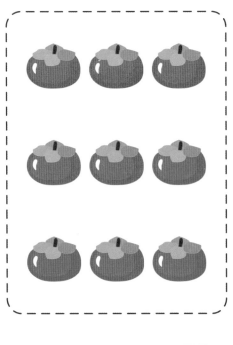

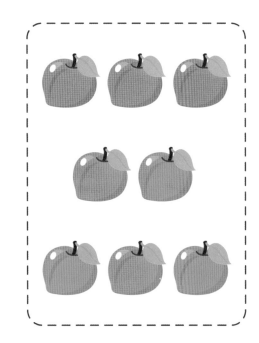

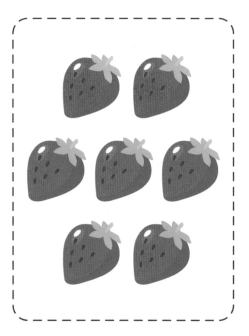

# 입학 전 수학떼기 · 숫자 카드 4 · 5세

✂ 절취선을 가위로 오려서 사용하세요.

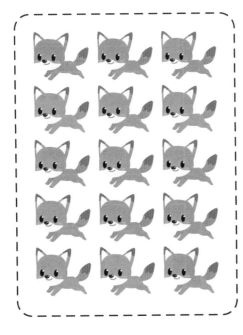

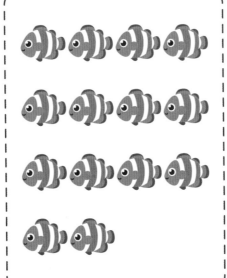

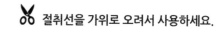
✂ 절취선을 가위로 오려서 사용하세요.

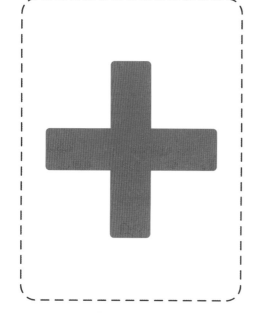

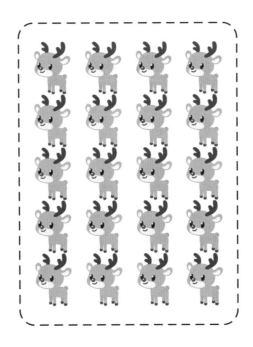

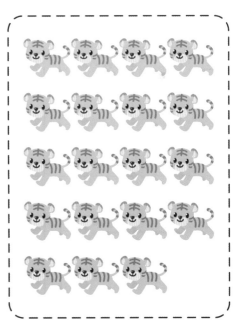